绿色家园——环保从我做起

珍惜淡水资源

瑾 蔚 编著

© 瑾蔚 2018

图书在版编目（CIP）数据

珍惜淡水资源 / 瑾蔚编著. —大连：大连出版社，2018.6（2023.5 重印）
（绿色家园：环保从我做起）
ISBN 978-7-5505-1342-6

Ⅰ. ①珍… Ⅱ. ①瑾… Ⅲ. ①淡水资源—水资源保护—普及读物 Ⅳ. ①TV211.1-49

中国版本图书馆 CIP 数据核字（2018）第 076108 号

责任编辑： 金东秀　李玉芝
封面设计： 李亚兵
责任校对： 张　爽
责任印制： 徐丽红

出版发行者：大连出版社
　　　地　址：大连市高新园区亿阳路 6 号三丰大厦 A 座 18 层
　　　邮　编：116023
　　　电　话：0411-83620573　　0411-83620245
　　　传　真：0411-83610391
　　　网　址：http://www.dlmpm.com
印　刷　者：滨州传媒集团印务有限公司

幅面尺寸：160 mm × 220 mm
印　　张：6
字　　数：90 千字
出版时间：2018 年 6 月第 1 版
印刷时间：2023 年 5 月第 2 次印刷
书　　号：ISBN 978-7-5505-1342-6
定　　价：20.00 元

版权所有　侵权必究
如有印装质量问题，请与印厂联系调换。电话：0543-3186716

前言

　　水是生命之源、万物之本,我们生活的每时每刻都离不开水。有了水,人类才得以生存,世界万物才能够充满生机,丰富多彩。

　　地球的表面绝大部分被海洋覆盖,是一个名副其实的水球,地球上的水看上去似乎取之不尽、用之不竭,其实不然。从我们人类目前对水的利用情况看,人类生产、生活真正依赖的是淡水资源。然而在遍布全球的各种水体中,淡水资源只占了其中极少一部分。而在这有限的水资源中,还有相当一部分是人类当前还无法利用的。

　　淡水原本是一种可再生资源,其再生性取决于地球的水循环。但随着人类社会的发展和人口的急速增长,大量水资源被浪费、被污染。随之而来的是水资源供需矛盾的日益加剧,是生态环境的日益恶化,是人类面临的因干旱缺水引发的生存危机。如果我们放任水资源被继续污染、浪费,也许用不了多久我们都要面对"水比油贵"的残酷现实。从现在开始,从身边的小事做起,让我们节水、爱水、珍惜水,做一个真正的环保小卫士。

目录

水从哪里来…………………………1
水　圈 …………………………………2
水循环 …………………………………4
水的力量 ………………………………6
生命离不开水 …………………………8
水与人类文明 ………………………10
淡水资源 ……………………………12
全球淡水分布 ………………………14
我国淡水问题 ………………………16
水资源的利用 ………………………18
水利工程 ……………………………20
水资源的开发 ………………………22
人类与海洋 …………………………24
海洋的自净能力 ……………………26
海洋垃圾场 …………………………28
海上石油污染 ………………………30
海洋的其他污染 ……………………32
海洋污染的特殊性 …………………34
对河流的改造 ………………………36
断流的河川 …………………………38

芝塔龙河的厄运 …………………… 40
变色的多瑙河 ……………………… 42
亟待拯救的湖泊 …………………… 44
将要消失的咸海 …………………… 46
维多利亚湖的危机 ………………… 48
五大湖的命运 ……………………… 50
湿地的影响 ………………………… 52
缩减的湿地 ………………………… 54
消融的冰川 ………………………… 56
抽取地下水 ………………………… 58
地下水的灾难 ……………………… 60
恶化的水环境 ……………………… 62
赤　潮 ……………………………… 64
工业废水 …………………………… 66
农业污水 …………………………… 68
生活污水 …………………………… 70
骇人的污染事件 …………………… 72
水土流失 …………………………… 74
沙漠肆虐 …………………………… 76
海水入侵 …………………………… 78
我们的饮用水 ……………………… 80
生活中的节水窍门 ………………… 82
污水再生利用 ……………………… 84
保护水环境 ………………………… 86
节水宣传 …………………………… 88

水从哪里来

我们今天的生活每时每刻都离不开水，水也以各种形式存在于我们生存的环境中，河流、湖泊、海洋、大气以及各种生命体中都有水。那么覆盖地球表面的这些水从何而来呢？

🍀 来自地球内部

人们普遍认为，水是地球自行产生的。地球刚形成时，原始物质中就存在着构成水的氢、氧元素。这些元素在地球漫长的演化过程中从地球内部分离出来，通过各种物理和化学作用形成了水。

▶ 在地球形成时期，火山爆发频繁，可能有大量的水汽从地球内部被带出来

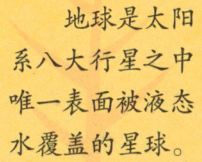

地球是太阳系八大行星之中唯一表面被液态水覆盖的星球。

🍀 来自外太空

也有观点认为，水是从太空来到地球上的。因为人们研究陨石发现，来自太空的陨石中就含有一定量的水。不过到现在为止，水的来源还是一个谜，也可能地球上的水是由来自地球内部和来自太空的水共同构成的。

水 圈

水通常以液态形式存在,当气温低于零度时,会结成固态的冰,受热到一定程度会蒸发为气态。各种形态的水在地球表面形成了一个连续不规则的圈层,叫水圈。水圈通过水循环与大气圈、生物圈发生作用,影响着整个地球的生态环境。

▲ 海洋面积宽广,是地球上最大的天然水体

🍀 海洋

水圈中的水主要由地表水、地下水、大气层中的水汽组成,其中占地球表面积约71%的海洋是水圈的主体。海洋贯通全球、水量巨大,在整个水圈中发挥着重要作用。

珍惜淡水资源

🍀 地表水

地表水包括陆地上的各种液态和固态水，主要有海洋、河流、湖泊、沼泽、冰川等。地表水是人类生活用水的主要来源之一，也是世界各国淡水资源的重要组成部分。

🍀 地下水

地下水指渗入地表以下的各种水，具有水量稳定、污染少的特点。地下水可用作生活饮用水、工业用水和农业灌溉用水的来源。井水和泉水是最常用的地下水。

> 含有特殊化学成分或水温较高的地下水，比如地下热泉，还可用于医疗、作为热源等。

▶ 两极地区分布着大量的固态水，也就是冰川

🍀 大气层中的水汽

大气层中的水汽主要来自水面、潮湿物体表面和植物叶片的蒸发。水汽可以在大气层中由气态转为液态或固态，并在这个过程中释放或吸收热量，对天气变化起着重要作用。

▶ 水蒸气是水的气态形式

3

绿色家园——环保从我做起

水循环

水圈中的水以气态、液态和固态的形式在陆地、海洋和大气层间不断循环的过程就是水循环。水循环是水在全球范围内进行能量转换的主要形式，水在形态转变过程中通过释放或吸收能量影响着气候变化，对全球环境有着深刻的影响。

❀ 水循环的成因

太阳辐射会促使水分蒸发，重力作用会促使水分渗入地下，使河流流向海洋。太阳辐射和重力作用作为水循环形成的外因，为水循环提供了水完成形态转变和运动的能量。

除了降水、蒸发、径流三个主要环节，水循环还有水汽输送、下渗、植物蒸腾等其他环节。

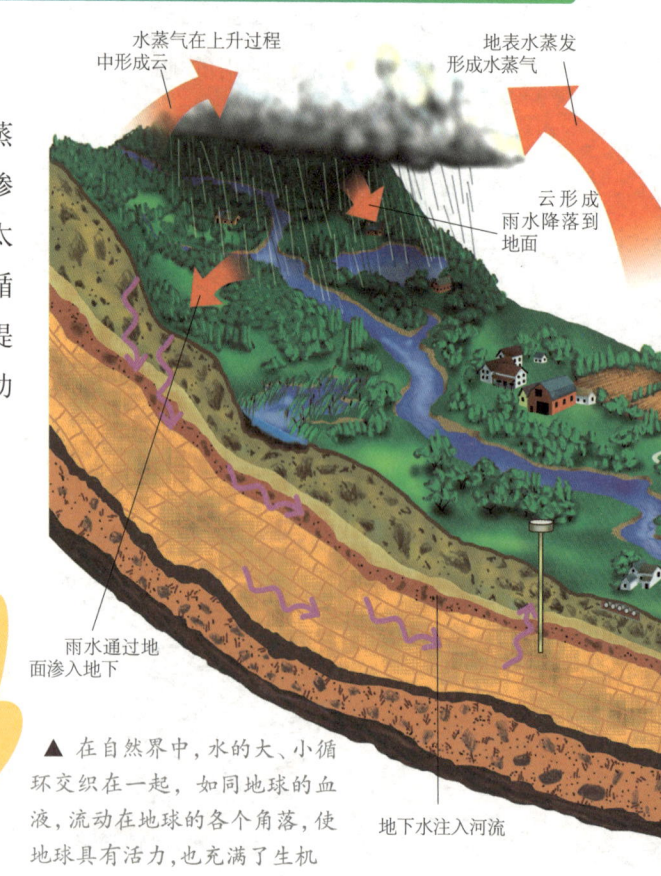

水蒸气在上升过程中形成云

地表水蒸发形成水蒸气

云形成雨水降落到地面

雨水通过地面渗入地下

地下水注入河流

▲ 在自然界中，水的大、小循环交织在一起，如同地球的血液，流动在地球的各个角落，使地球具有活力，也充满了生机。

水循环的形式

水循环有海陆间循环、陆上内循环和海上内循环三种形式。水体在海洋与陆地之间进行的海陆间循环是水循环的大循环路径，河流与地下水之间的陆上内循环，以及海上内循环是两个分支循环路径。

▲ 海上内循环是指海洋表面的水蒸发成水汽，进入大气后在海洋上空凝结，形成降水又回到海洋中的局部水分交换过程。这个过程中还有部分水会由大气进入陆地

水循环的环节

降水、蒸发和径流是水循环的三个最重要环节。水以雨雪形式落到地面形成降水，地面的水一部分会受热蒸发为水汽重新进入大气层，一部分会成为地表水在重力作用下沿地表或地下流动，形成水流，即径流，最终流入海洋。

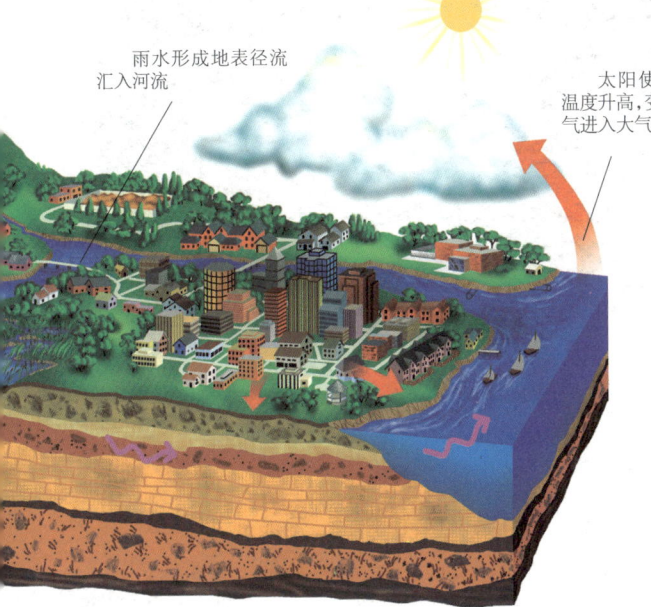

水循环的影响

水循环使陆地上的水得以补充和不断更新，是各种复杂天气现象产生的主要原因。它决定着全球的水量平衡，也影响着一个地区的水资源总量，同时还有沟通大气圈、生物圈的作用。

绿色家园——环保从我做起

水的力量

以河流为主的地表径流在流动的过程中会对地表产生一定的冲击、侵蚀作用,所以水成为地球表面形态的塑造者之一。水的侵蚀、冲击、搬运作用,构成了地球上千姿百态的地貌,影响着全球的地理环境。

▲ 在海水侵蚀下形成的独特的海岸景观

海水侵蚀

海水对陆地的侵蚀以海水的拍打为主,以海水中的沙砾对海岸的磨蚀、海水对岩石的溶解作用为辅。海水的长期侵蚀会形成独特的海岸地貌。

▲ 流水侵蚀形成的科罗拉多大峡谷

珍惜淡水资源

🍀 流水侵蚀

河流也有类似海水的侵蚀作用，比如溶解和磨蚀作用。但河流塑造地貌的最主要方式还是流水冲击，这是流水侵蚀与海水侵蚀最大的不同。

> 同一条河流，往往上游以侵蚀为主，下游以堆积为主。在同一河流段，也有可能出现侵蚀、搬运和堆积同时进行的情况。

🍀 搬运作用

河流在流动中携带大量泥沙并推动河底沙砾向前移动的作用，称为搬运作用。上游清澈的黄河水流经黄土高原，正是因为河水搬运了大量泥沙，中下游才变得浑浊起来。

🍀 堆积作用

水流携带泥沙流动时，遇到坡度变缓、流速减慢、水量减少或泥沙增多等情况，搬运能力会减弱，进而发生堆积。黄河下游的地上河就是泥沙不断堆积，使河床高于两岸地面形成的。

▲ 通常来说，水流越大、速度越快，河水的搬运作用越强

7

绿色家园——环保从我做起

生命离不开水

对地球上的生命来说,水是一种不可或缺的物质,被称为"生命之源"。无论植物还是动物,几乎所有的生命都离不开水。通常越是缺水的地方,生命往往也越难存活。

❀ "生命之源"

水被称为"生命之源",是因为地球上的所有生命每时每刻都离不开水,构成生命的基本单位——细胞也只有在液体中才能存活。

▲ 海洋中的原始生命

▲ 水是生命的源泉,平时多喝水,可以给身体及时补充水分

8

珍惜淡水资源

🍀 细胞离不开水

细胞的新陈代谢都离不开水,参与代谢的水可以在细胞内外或生物体内自由流动。水还是化学反应的重要溶剂,生命细胞中无时无刻不在进行化学反应,这些反应都需要水。

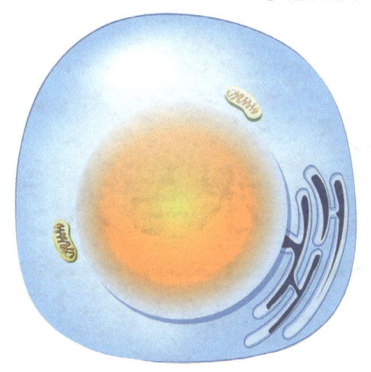

▲ 水可以维持细胞的形态

🍀 提供稳定的温度

生物体内部进行化学反应所需的温度往往比较稳定,只有在水这样吸热能量强的液体中,生命细胞进行化学反应时才能获得较为稳定的温度。

🍀 运输物质与能量

生命要存活,就要不断进行物质与能量的转换。水在植物体内流动或通过血液等形式在动物体内流动时,可以将生命所需的物质和能量传递到生命体的各个部位,帮助它们完成物质与能量的转换。

植物会通过体内水分的平衡,即根系吸收水和叶片蒸腾水之间的平衡来适应周围的环境。

▶ 血液像河流里的水一样,在心脏的动力作用下,一刻不停地进行着循环,运输氧气、二氧化碳、营养素和废物等

绿色家园——环保从我做起

 # 水与人类文明

　　水不仅是每个生命个体必需的生命物质，它与整个人类社会的发展也有着密不可分的关系。在人类历史上，几乎每一个古老文明都诞生在著名的河川流域，这就是水与人类文明的关系。

▲ 尼罗河是埃及的母亲河，古埃及文明就诞生在尼罗河畔

河畔的古老文明

　　非洲的古埃及文明诞生在尼罗河流域；西亚美索不达米亚平原上的幼发拉底河和底格里斯河孕育了两河文明；南亚的古老文明源自印度河畔；中华文明诞生在黄河、长江边……这些古代文明的辉煌都离不开孕育它们的大江大河。

　　位于非洲的尼罗河自南向北注入地中海。虽然流经地多为酷热的沙漠地区，但由于上游水源充足，尼罗河至今仍是埃及人的"母亲河"。

珍惜淡水资源

🍀 逐水而居

原始社会时期，人类都是逐水而居的。有水的地方，动、植物资源通常也比较丰富，这为人类提供了可靠、稳定的食物来源，人类早期的渔猎、采摘活动都是在河流、湖泊、沼泽畔进行的。

▲ 早期人类依水而居的渔猎生活场景

▲ 古埃及人修建了发达的水利灌溉系统，引导尼罗河水灌溉田地

🍀 灌溉农业

自从人类学会了种植粮食，灌溉农业也随之发展起来。在临近河流的地方，人们开沟挖渠，引水灌溉，使农业生产得以保障。在此基础上，人类渐渐形成了自己的农业文明。

🍀 文明的陨落

人类历史上曾诞生过很多辉煌灿烂的古代文明，但其中只有少数延续至今，多数则因气候环境的变迁或战乱等原因湮没在历史风尘中，成为警醒后世的前车之鉴。

▼ 古时楼兰曾经是丝绸之路沿线一个繁荣富庶的国家，如今却被风沙湮没

绿色家园——环保从我做起

淡水资源

我们平时的饮用水和生活用水都属于淡水。虽然地球上的海洋面积广阔，但海水属于咸水，并不能直接饮用。包括海洋在内的全球水资源虽然可以说是取之不竭的，但真正能供我们使用的淡水资源却只占其中极少的部分。

▲ 江河是人类最宝贵的淡水资源，它们只占全球淡水资源的极少一部分，但却是人类生活、工业、农业发展所需的主要水源

🍀 江河湖泊水

江河湖泊的水资源受气候影响较大。在南美洲亚马孙平原这样气候湿润、降水多的地方，河流水量也会比较大；在非洲撒哈拉沙漠这样气候干燥、降水少的地方，河流不仅少，水量也少。

冰川水

冰川是存在于地表的天然冰体,主要分布在极寒的两极地区和高山上。虽然冰川淡水资源丰富,但因为开采条件艰巨,目前还不能直接被人类利用。

▲ 冰川可作为人类未来的淡水资源宝库

海洋中的生命能在咸水中生存,是因为身体有着可适应海洋生活的淡化海水机制。

地下淡水

地下水主要来自降水、灌溉用水、河流等地表水的渗漏和地下河。打井取水是最常见的地下水开采方式,井水也是我们最常用的地下水。随着井越打越深,地下水也面临着过度开采的困境。

◀ 农业上的大水漫灌作业是对淡水资源的极大浪费

淡水来源

降水是淡水的重要来源。海水通过水循环形成降水,使海洋成为陆地淡水资源的重要补给源。在气候干旱、降水少的地区,淡水匮乏一直是制约当地发展的重要原因,比如非洲、西亚等地。

▲ 非洲是极度缺水的地区之一,约有3亿非洲人口因为缺水而过着贫苦的生活

绿色家园——环保从我做起

全球淡水分布

地球上的淡水资源不仅有限，而且分布极不均衡。造成这种局面的主要原因是世界各地降水量不均，而气候差异则是导致降水量不均的重要因素。世界各地的降水与当地气候有关，通常气候干旱地区降水偏少，气候湿润地区降水偏多。

❀ 分布不均衡

当前除了两极地区，地球上的大部分淡水资源集中在少数国家和地区境内。在西亚和北非等干旱、半干旱地区，因为降水稀少，水已经成为当地的稀缺资源。

▼ 在非洲的干旱地区，因为缺水，人们不得不每天去离家很远的水源地背水

珍惜淡水资源

🍀 气候导致不均

全球降水不均的主要原因是气候。气候与气候带密切相关。气候带是在太阳辐射、大气环流、洋流等因素的影响下形成的带状气候区。气候带决定气候类型,气候类型则决定降水量。

▲ 受气候影响,雨林地区降水丰沛

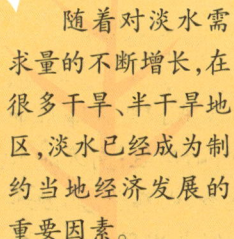

随着对淡水需求量的不断增长,在很多干旱、半干旱地区,淡水已经成为制约当地经济发展的重要因素。

🍀 气候类型与降水

热带雨林气候区因为降水多且高于蒸发量,所以气候湿润,有利于动植物生存;而热带沙漠气候区因降水稀少且蒸发量大,所以环境异常干燥,干旱问题突出。

▲ 沙漠地区干旱少雨,不适宜人类居住

🍀 降水与环境

通常降水多的地区森林茂密,生物种类丰富,气候适宜,更有利于人类生存聚居;而降水少的地区植被稀少,人类的生存环境恶劣,水甚至成为引发争端的导火索。

绿色家园——环保从我做起

 我国淡水问题

虽然我国河流众多,但因为淡水资源在时间、空间上的分布不均,再加上生活用水及工业、农业等各领域对水的需求量日益增多,所以也面临着严重的水资源供需矛盾。

降水分布不均

我国位于北半球,属于大陆性季风气候,全年降水多集中在5月到9月的夏秋季节,而且降水多呈从东南沿海向西北内陆递减的趋势。因此我国南方水资源相对丰富,北方水资源匮乏。

我国北方降水量少,雨季短;南方降水量多,雨季长。北方通常容易出现春旱、夏涝,江淮地区容易出现梅雨和伏旱。

▲ 每年初夏时,我国东南部会出现连绵不断的阴雨天气,空气潮湿而闷热,称为"梅雨季节"

16

年际变化不等

我国南北各地降水量的年际变化大小不一。一般而言,南方降水量的年际变化比较小,北方降水量的年际变化比较大,而西北干旱地区降水量的年际变化尤其明显。

灾害频繁

由于降水量在时空分布上存在差异,所以我国旱涝灾害频繁。夏季多雨,易发洪涝灾害;冬季干燥,易产生雾霾天气。当夏季风异常时,更会出现北涝南旱或南涝北旱现象。

▲ 夏季,我国南方许多地区的多雨天气极容易引发洪涝灾害

供需矛盾突出

供需矛盾突出也是我国水资源的一大特点。降水上的南北、季节差异是当前水资源供需矛盾突出的自然因素,但水污染与水资源的浪费则是造成这一矛盾的人为原因。

◀ 工厂未加处理排放的污水是淡水污染的源头之一

绿色家园——环保从我做起

 # 水资源的利用

虽然地球表面大部分地方被水包围着，但能够真正被人类利用的水却很少，它们只存在于江河湖泊以及地下水中。所以，有人比喻说，在地球这个大水缸里我们可以利用的水大概只有一汤匙。

▲ 农业灌溉也会消耗淡水资源，目前一些缺水地区正在推广滴灌技术以取代喷灌作业

🍀 可利用的水资源

目前可供人类利用的淡水资源主要有地球表面的河流湖泊、高山雪水、地下水等。除了作为饮用水和生活用水，这些淡水还被用于农业灌溉、养殖，以及工业生产等。

珍惜淡水资源

🍀 未开发的水资源

由于全球水资源分布并不均匀,再加上开发利用的程度不同,因此难免有水资源过剩的现象出现。比如南美洲亚马孙河因为没有流经人口密集地区,所以大量水资源没能得到利用。

▲ 亚马孙河是世界上流域面积最广、流量最大的河流,但大多流经热带雨林人迹罕至的地方

> 在非洲撒哈拉沙漠地区、中东和中亚地区,水资源匮乏问题相当严重。

🍀 合理利用的共识

从最早的灌溉文明时期到后来的工业文明时期,再到当今时代,水在人类社会发展中一直扮演着重要角色。当前,合理利用水资源已经成为全人类的共识,很多人正在努力践行节水观。

▲ 水力发电将水的动能转化为电能

▲ 地下水有稳定地层的作用,过度开发会导致地面下陷

🍀 过度开发的后果

在有些国家和地区,对水资源过度开发和利用,产生了严重的后果。比如工业废水、生活污水的乱排乱放,导致河流污染;对地下水的过度抽取,导致地面下陷等。

绿色家园——环保从我做起

水利工程

随着人类社会经济的发展，人类对水力资源的开发利用强度越来越大，速度越来越快，现代水利工程比比皆是。这些水利工程除了灌溉、发电，还具有防洪、调水、发展渔业等多重功能。然而，大型的水利工程同时也会给当地自然环境带来影响。

水利工程的作用

自从开始农业生产，人类修建水利工程的历史便掀开了大幕。从古埃及的灌溉工程到我国古老的都江堰，再到现今的大型水电站，这些水利工程已经成为人类文明的一部分。

▲ 都江堰建于岷江上，两千多年来一直发挥着防洪灌溉的作用

珍惜淡水资源

▲ 三峡大坝位于长江中游的湖北省宜昌市

🍀 影响局部气候

一般情况下,地区性气候状况主要受大气环流控制。但大、中型水库及灌溉工程会使原先的陆地变成水体或湿地,使局部地表空气变得较湿润,进而对局部小气候产生一定的影响。

> 三峡大坝是当今世界最大的水利工程,于1994年动工修建,2006年5月全线建成。

🍀 改变当地降水量

大、中型水利工程对当地局部气候的影响,主要表现在降雨、气温、风和雾等方面。由于水是很好的储热体,水库建成后,会导致当地年平均气温略有升高,同时也会改变当地降水量。

🍀 影响下游环境

水库的修建同时会改变下游河道的流量,从而对河流下游水域周围的环境造成影响。除了可能使下游天然湖泊因水源减少而干涸,还可能使河流因流量减少而降低自净能力。

▲ 水库的兴建使得库区内的水体流动速度减慢,极易造成水华现象

绿色家园——环保从我做起

水资源的开发

由于全球淡水资源非常有限，而人类对淡水资源的需求量又很大，因此造成了极大的供需矛盾。为了解决这个问题，人类正在想法设法开发淡水资源，比如借助人工降雨增加降雨量，进行海水淡化等。

❁ 人工降雨

人工降雨是根据自然降雨的形成原理，人为补充某些降水条件，促成降雨或加大降雨量的降水措施，可用来缓解农田干旱、增加水库发电量等。

▼ 人工降雨

▶ 有些地区的人们已经可以开发冰川水来作为饮用水

人类当前对水资源的合理开发利用共识，是在可持续发展的思想基础上提出的。

❁ 开采高山冰川水

要开发利用两极地区的冰川水，目前来说代价太高。但合理利用高山冰川水对有些国家和地区来说，却具有一定的可行性，比如我国西藏自治区念青唐古拉山上的冰川现今已经得到开发。

珍惜淡水资源

海水淡化

海水淡化主要原理是使海水析出盐分，它是当前看来最有前景的水资源开发途径。它不仅可以增加淡水总量，还不受时空和气候影响，可实现持续稳定供水。

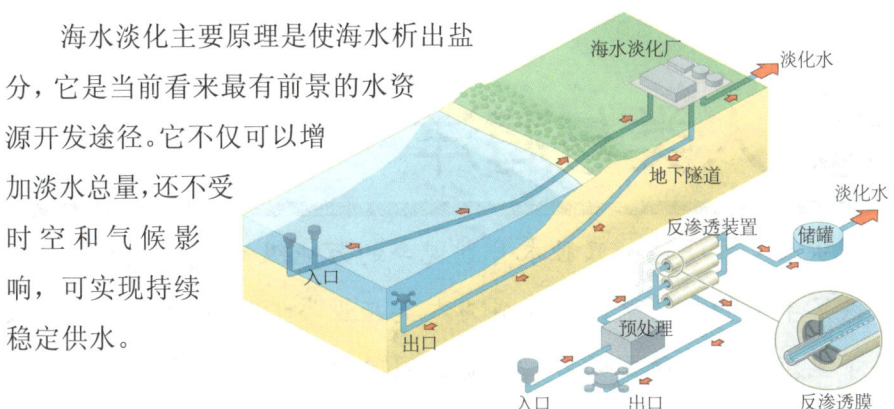

▲ 海水淡化技术（反渗透法）示意图

让水物尽其用

要解决水资源问题，除了要开拓淡水资源新渠道，同时也要让现有的淡水资源能够物尽其用，最大程度地发挥作用。比如减少输水环节的损失、废水再利用、开发更多水能等。

▲ 将处理、净化过的污水再利用，具有开源节流与环境保护的综合效益

绿色家园——环保从我做起

人类与海洋

从人类发明第一只独木舟到现今的万吨级油轮，海洋为人类提供了丰富的物质资源，也成为人类与世界沟通的桥梁。人类从海洋里获取自身所需的各种物资，同时也以自身的各种活动对海洋产生了深刻的影响。

▲ 哥伦布曾率探险队四次横渡大西洋。图为1492年他们首次登上美洲大陆

航海历史

没有海洋，人类的航海历史就无从说起。无论是史前人类跨越白令海峡，还是大航海时代的一次次环球远行，人类通过航海拉近了与海洋的关系，也开始了开发利用海洋的历史。

珍惜淡水资源

🍀 海上运输

地球上的海洋是彼此相通的，这就为人类的航海运输创造了前提。远洋航海运输的发展不仅带动了人类的造船业和航海技术的发展，也拉近了人类之间的距离。

▲ 海上大型远洋运输船只

🍀 人类的资源宝库

海洋不仅有丰富的生物资源，海底还蕴藏着不可估量的油气和其他矿产资源。它不仅为人类提供了衣食住行所需的很多物质，也为人类社会这部大机器的运转提供了所需的能源。

◀ 海洋所能提供的食物资源远远超出陆地，其所蕴藏的水产品堪称人类宝贵的"食品资源库"

🍀 对海洋的伤害

人类从海洋中获取了很多，同时也给海洋造成了一些无可挽回的影响。对海洋生物的大肆捕捞、排放污水、倾倒垃圾、原油污染，这些行为在伤害海洋的同时也在伤害着人类自己。

> 日本的北海道渔场、英国的北海渔场、加拿大的纽芬兰渔场、秘鲁的秘鲁渔场被称为世界四大渔场。

绿色家园——环保从我做起

海洋的自净能力

河流中的水都是流动的,人们常说"流水不腐",意思是自然界中的水在循环过程中具备一种自我净化的能力。海洋本身也有自净能力,但这种能力很有限。如果我们的污染不能及时处理,将会给海洋带来无可挽回的伤害。

▲ 海洋自净是海洋生态系统自我调节的能力之一

🍀 海洋自净原理

海洋通过自身的物理、化学及生物作用,将污染物质的一部分或全部吸收、沉积、降解、稀释或转化,使环境恢复到原来的状况,这就是海洋的自净能力。

如何合理利用海洋的自净能力,保护和改善海洋环境,是海洋环境科学研究的一项重要课题。

影响海洋自净能力的主要因素

影响海洋自净能力的因素很多,主要有海岸地形、水中微生物的种类及数量、海水温度、含氧状况,以及污染物的性质和浓度等。

▶ 海边的红树林可以帮助海洋水体净化

其他因素

天然水体自净作用的强弱通常还受到其他许多因素的影响,比如水质、水温、水的流量、水的流速以及河流的弯曲复杂程度等。对海洋来说,海域空间的大小也会影响其自净能力,其空间越大,自净能力越强。

不能自净的物质

海洋和其他地表水对于一般自然出现的有机物质都具有很强的自净能力,但对于合成洗涤剂、农药等有机化合物质和氰化物、重金属类、放射性物质等有毒物质,自净能力则非常有限。

▲ 海洋河口地带重金属污染多来自工厂、生活污水

海洋垃圾场

陆地上的主要江河最终都会流入大海,它们携带的污染物也会进入大海,海洋因此成为陆地污染物的天然处理场。除了这些,海洋中还有人类在近海地区活动留下的各种废弃物,这些废弃物让海洋变成了令人触目惊心的垃圾场。

▲ 除了海洋是固体废弃物的受害者,一些大型湖泊也被垃圾包围,深受其害

固体废弃物为主

在人类给海洋带来的各种伤害中,海洋垃圾的影响最为直观。这些垃圾主要指存在于海洋和海岸上的具有持久性的人造或经过加工的固体废弃物,其中塑料制品最多。

威胁海洋生物

海洋垃圾有的会堆积在海滩上，有的会漂浮在海面或沉入海底。废弃的渔网是海洋中主要的塑料垃圾，在洋流的作用下，它们绞在一起，成为海洋动物的"死亡陷阱"。

▲ 一只误食废弃物的信天翁遗骸

▲ 一只绿海龟被困在一张废弃的渔网中

污染海洋环境

由于全球海洋是相通的，洋流、潮汐、海风驱动海水在不同地点间移动时，海水也会随之将海洋垃圾带往世界各地，并对各地的海洋生态环境产生影响。

有些塑料会在海水、阳光作用下变成微小颗粒，但这反而更容易被海鸟、鱼类等误食，并顺着食物链进入人类体内。

持续的恶性循环

海洋中的鱼类误食了被污染的海洋垃圾后，这些污染物会沉积在鱼类体内。人类食用了这些海洋鱼类，污染物也会随之进入人类体内。这种持续的恶性循环，可以说是人类在自吞恶果。

▲ 塑料垃圾降解慢，会在海洋中存留很久，成为许多海洋生物的威胁

绿色家园——环保从我做起

海上石油污染

　　石油是当前人类社会不可或缺的重要能源之一,由石油衍生出的各种产品被应用于我们生活的方方面面。目前世界石油运输主要靠的是海运,中途一旦发生泄漏,就会给海洋生物带来致命的威胁。

石油污染物

　　海洋石油污染包括原油污染,以及从原油分馏出的汽油、煤油、柴油、润滑油、石蜡、沥青等的污染,这些是当前海洋中最主要的污染物。

▲ 海水是流动的,大洋上的石油污染会随着洋流影响沿海地带

珍惜淡水资源

污染渠道

石油及其衍生制品主要是在开采、运输、炼制及使用等过程中给海洋带来污染，油田、油轮、炼油厂等则可能通过直接排放或间接输送造成海洋污染。

▲ 海上钻井平台石油泄漏会给海洋造成直接污染

"围油栏"是处理海洋石油污染的首要措施，它可以将浮油阻隔起来，防止其扩散和漂流。

危害海洋环境

石油污染具有量大、污染面积广的特点。它不仅会影响海洋水质，而且会随着洋流扩散到世界其他海域，对整个海洋生态环境产生有害影响。

▼ 海洋石油污染对海鸟的危害最为明显，油污会粘住它们的翅膀，影响它们捕食，甚至会影响它们繁衍后代

▲ 围油栏处理石油污染

影响海洋生物圈

石油泄漏后会在海上形成一层油膜，油膜会阻挡阳光深入海水中，影响海洋藻类的光合作用。由于藻类处于海洋食物链的底端，如果污染处理不好，这种影响会扩散到整个海洋生物圈。

绿色家园——环保从我做起

海洋的其他污染

除了石油和固体垃圾会对海洋造成污染，人类的其他工业、农业等活动产生的废弃物大部分也会进入海洋中，形成新的污染。这些污染物以重金属和农药等化学污染物、放射性物质、热污染、生活污水等为主。

▲ 重金属污染具有易富集、难降解的特点，一旦进入海洋，会给海洋生物带来严重伤害

❀ 重金属和化学污染

汞、铜、铅、锌、铬等重金属元素一旦进入海洋，被海洋生物摄入体内，会给它们带来长久伤害。而农药中的某些化学成分，经河流等搬运进入海洋后，会抑制海藻的光合作用，对海洋生态造成进一步的影响。

珍惜淡水资源

🍀 放射性污染

放射性元素是由核武器试验、核工业和核动力设施释放出来的人工放射性物质。这些放射性物质被海洋生物吸收后，很可能通过食物链传递给人类，对人类造成伤害。

▶ 核电站的核泄漏事故会给周围环境带来长期的毁灭性污染

2011年日本大地震后，日本福岛核电站发生泄漏，附近海域受到严重核污染。

🍀 海洋热污染

海洋热污染指工农业生产和生活中的各种废热被排入海洋或大气后所引起的增温现象。这种异常升温会使海洋水质恶化，影响海洋生物的繁衍，甚至会增强温室效应。

🍀 污水和垃圾污染

工厂废水和生活污水的排放是海洋污染的因素之一。当富含有机物的工业废水和生活污水进入海洋并积累到一定程度后，会导致浮游生物暴发性繁殖，引起赤潮等现象。

▲ 工厂排放的工业废水会使海水富营养化，引起赤潮

绿色家园——环保从我做起

海洋污染的特殊性

海洋遍布全球,一旦局部海域遭到污染,这些污染物很可能会随着海水扩散到世界其他海域。作为贯通全球最大的水体,海洋污染的特殊性体现在污染源广、持续性强、扩散范围广、防治难危害大四个方面。

▲ 海滩上的白色垃圾主要是塑料制品,它们一旦进入海洋,就会对海洋生态系统带来危害

🍀 污染物来源广泛

除了人类在海洋上的活动,人类在陆地上所产生的各种污染物,最终都会通过江河、大气扩散和雨雪等降水过程进入海洋。我们从太空回收的航天器可能产生的废弃物,也会对海洋造成污染。

污染持续性强

海洋是地球上地势最低的区域,污染物一旦进入海洋,就很难再转移出去,海洋因此成为各种污染物的归宿地。

▲ 污水一旦进入水循环系统,会迅速扩散,治理起来难度很大

污染扩散范围广

全球海洋是相互连通的一个整体,一个海域出现的污染,往往会扩散到周边海域,甚至扩大到全球的大洋,并进一步影响全球的生态环境。

世界上污染最严重的海域有波罗的海、地中海、东京湾、纽约湾、墨西哥湾等。

防治难危害大

海洋污染有很长的积累过程,不易及时发现。一旦形成污染,需要长期治理才能消除影响,且造成的危害会波及各个方面。

▲ 地中海是全球最繁忙的水域,全世界30%的商业船只在这里航行,除此之外,地中海海岸密集的人口也导致这里污染加重

对河流的改造

上古时期大禹治水的故事开启了我国古人改造河川的先河,事实上,人类改造河流的历史几乎可以追溯至农耕文明萌芽之初。不过人类在改造河流便利自己的同时,也不知不觉改变了河流自身的环境。

❀ 改造河流的目的

出于防洪、灌溉以及工农业用水等各方面的考虑,人们经常要对河流进行改造。现今,打造水景景观,让人与河流和谐相处,也成为一些城市进行河流改造的目的之一。

▼ 在山沟或河流的狭口处建造拦河坝形成的人工湖泊

珍惜淡水资源

改造河流的方式

改造河流的方式有很多,比如修建灌溉渠,引水灌溉;修建泄洪渠,疏散洪水;修筑堤坝,加固河岸,预防洪灾;修筑水库,用于蓄水、泄洪等。

▲ 水库不仅防洪,还可以蓄洪补枯

给河流改道

以蓄水拦洪、开挖人工河道、挖沙、引水等人工方式改变河流主干道,会在不同程度上改变河流状态,进而对洪涝、干旱等灾害以及生态环境产生影响。

人类根据湖泊、海洋与河流的差异,对湖泊、海洋采取了以围湖造田、填海造陆为主的改造方式。

▲ 通过人工水道可以将大河里的水引入缺水的地区

尊重规律改造河流

在尊重河流自然规律的前提下对河流进行合理的改造利用,可以达到预期的改造目的。比如我国广州的东濠涌、韩国的清溪川等,经过改造后,这些地方都成为当地的著名景观。

绿色家园——环保从我做起

断流的河川

河流通常都有自己的水源地,但在流动过程中,受所流经区域环境或一些人为因素的影响,有的河流就会出现断流现象。河流断流不仅会对流域内人们的生产、生活产生重要影响,也会危害到当地的生态环境。

▲ 大河断流,整个河床几乎干涸

🍀 大河断流现象

通常而言,大江大河因为流域面积大、支系较多、水量丰富,所以河流自身调节蓄水的能力比较强。但也有大河会在有些时间段内出现水源枯竭、河床干涸的现象,这被称为断流现象。

珍惜淡水资源

🍀 自然原因

气候异常干旱是导致河流断流的主要自然因素。此外，所经流域内自然环境的恶化、河水补给来源的不足等也是加剧河流断流的原因。

▲ 河川断流后，河床裸露在外，可见龟裂的地面

> 河流断流与断头河不同，断头河是被相邻流域河流在分水岭袭夺，被迫改道，使其下游失去源头的河流。

🍀 人为因素

农田灌溉、城镇用水和工业生产对水资源的大量消耗，会打破河流的补给与消耗平衡，这些是导致大河断流的人为因素。

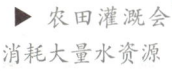

▶ 农田灌溉会消耗大量水资源

🍀 断流的危害

大河断流除了会加剧水资源危机，影响人们的生活和工业生产外，还会对生态环境产生重要影响，造成生物减少、地下水位下降、风沙加剧以及气候异常等多重效应。

▲ 大河断流的直接影响就是导致流域缺水，并由此引发一系列的生态环境问题

绿色家园——环保从我做起

芝塔龙河的厄运

芝塔龙河是印度尼西亚爪哇省最大的河流,它曾经也是清澈见底、风光迷人的。然而,从20世纪80年代开始,芝塔龙河两岸的工业迅速发展,上百家工厂将工业废料倾入河中,使得芝塔龙河变成了臭气熏天的垃圾河。

🍀 曾经的芝塔龙河

芝塔龙河发源于万隆以南山区,向西北注入爪哇海,从雅加达附近流过。它是印度尼西亚重要的灌溉河流,也是当地居民饮用水的主要来源。

▲ 被垃圾堵满的芝塔龙河

🍀 如今的垃圾河

20世纪80年代以来,伴随着芝塔龙河附近地区的工业发展,芝塔龙河沿岸的污染状况日益严重,一度成为全世界污染最严重的河流。

珍惜淡水资源

▲ 沿岸工厂排出的工业废水是造成芝塔龙河污染的主要原因之一

虽然受到高度污染，但芝塔龙河至今仍为包括雅加达人口在内的2800万人提供生活用水、农田灌溉和水力发电站水坝供水。

▲ 居民生活垃圾随意丢弃在芝塔龙河中，使河水变脏发臭

环保措施不力

沿岸工厂废弃物和居民生活垃圾的乱排乱放，是芝塔龙河污染状况严重的主要原因。再加上当地用于维护生态环境的环保设施不完备，芝塔龙河才变成了今天的垃圾河。

治理计划

针对芝塔龙河的现状，当地政府曾惩罚了倾倒垃圾者，但乱倒垃圾的现象仍屡禁不止。为了治理芝塔龙河，当地政府拟订了一项计划，计划到2025年清理掉河中半数以上的垃圾。

▲ 垃圾严重污染了芝塔龙河，也间接污染了农作物

41

绿色家园——环保从我做起

变色的多瑙河

多瑙河是欧洲第二长河,它流经许多欧洲名城,很多欧洲文化艺术名人都曾在这些城市生活过,并为多瑙河大唱赞歌。然而,这条欧洲著名长河在20世纪之后也曾遭遇过一段时期的严重污染。

❀ 利用多瑙河

由于水量丰富、水力资源可观,多瑙河沿岸国家充分利用它来发展水上货运、水力发电,供应工业和居民用水,用来灌溉和发展渔业。

▲ 2000年,多瑙河支流蒂萨河受到重金属污水的污染,导致多瑙河中下游大量鱼类死亡

❀ 严重污染问题

各国在竭力开发多瑙河可用资源的同时,也给多瑙河带来了一系列的环境污染问题。20世纪末到21世纪初十多年间,多瑙河流域就曾发生多起严重污染事件。

珍惜淡水资源

🍀 污染引发的后果

有毒的污水、污泥进入多瑙河后,不仅严重损害了多瑙河的水质,也给当地带来很大的经济损失和环境问题。这些重大生态环境问题在激起人们公愤的同时,还引发了多国间的政治纠纷。

▲ 一旦废水污染了多瑙河,造成的环境灾难将影响多瑙河沿岸的许多国家

🍀 保护多瑙河

为了治理多瑙河环境问题,欧洲成立了多瑙河保护国际委员会,并制定了一系列保护多瑙河及其支流的相关国际条约。现在,这个国际机构已经成为世界上影响力颇广的专业流域管理组织。

▼ 多瑙河发源于德国西南部黑森林山东麓,沿途流经奥地利、匈牙利、保加利亚、罗马尼亚等十多个国家,最后注入黑海,是世界上流经国家最多的河流

绿色家园——环保从我做起

亟待拯救的湖泊

地球上的每一个大洲都广泛分布着许多大小不一的湖泊。这些湖泊是当地的旅游胜地,也是重要的淡水资源。然而,随着工业化程度的提高,世界各地的湖泊都在不断地发生着变化,有的甚至面临消失的危险。

重要的湖泊

我国的洞庭湖、太湖、鄱阳湖等周围地区素有"鱼米之乡"的美称,因为这些湖泊是当地种植业、渔业发展的重要水源。除此之外,湖泊还有沟通航道、提供工业用水和饮用水水源的作用。

内陆湖泊在多雨和干旱季节会起到相应的泄洪、补给河道水源的作用。

◀ 洞庭湖风光

珍惜淡水资源

▲ 碧波荡漾、景色宜人的湖泊是人们旅游的好去处

🍀 湖泊与生态环境

湖泊水体可以调节湖区的气候，改善湖区的生态环境，提高湖区周边的环境质量。比如我国云南省因为湖泊众多，所以气候宜人、风光秀丽，成为著名的旅游胜地。

🍀 湖泊的污染

工业及生活废水排放量加大，会增加湖泊中的藻类污染，进而影响鱼类和湖中其他生物的生存。这种状况最终将导致湖水中动植物资源衰退，破坏湖泊的生态多样性和湖水的自净循环。

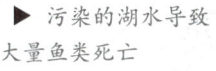
▶ 污染的湖水导致大量鱼类死亡

🍀 湖泊的退化

随着世界工业化和城镇化进程的不断推进，人类活动对湖泊的影响日益加剧。填湖造地、围湖养鱼以及工农业的过度用水，不但使湖泊的生态功能退化，也使湖泊的数量和面积锐减。

绿色家园——环保从我做起

将要消失的咸海

位于中亚乌兹别克斯坦和哈萨克斯坦两国交界处、克孜勒库姆沙漠中部的咸海,是一片已有约550万年历史的咸水湖。20世纪下半叶以来,由于人类的过度利用,咸海迅速萎缩。预计到2020年,它将完全干涸消失。

咸海的水源

咸海是由于地壳下沉、地面水不断汇聚形成的,补充水源主要为阿姆河和锡尔河两条河流。由于湖区所在地区气候相对干旱,虽然湖水的蒸发量与注入量大致相当,但长期以来水位一直有下降趋势。

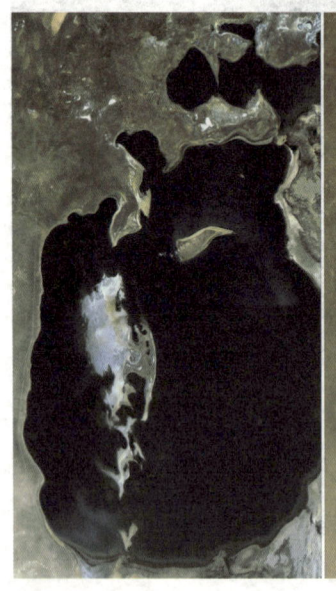

◀ 咸海1989年(左)及2014年(右)照片,从照片对比中可以清楚看到咸海面积的缩减

21世纪以来,哈萨克斯坦与乌兹别克斯坦两国都曾采取措施试图挽救咸海消失的命运,但收效甚微。

🍀 气候原因

咸海地处沙漠,又属于温带大陆性气候区,所以全年降水有限,气候比较干旱。20世纪70年代以来的持续干旱气候,更进一步加剧了咸海湖面萎缩的境况。

▲ 干旱的气候

▲ 阿姆河上修建了许多大型的水利工程用于通航和灌溉,这使注入咸海的水量被大大削减

🍀 人为原因

20世纪60年代后,阿姆河与锡尔河的河水因人类工农业生产的需要被大量使用。失去这两大河流的补充水源,咸海水位急剧下降,湖面加速萎缩。

🍀 影响深远

咸海为咸水湖,湖面萎缩后湖水盐度增高,结果导致鱼类减产、灭绝,湖区植被也因干盐堆积而受到破坏。同时,湖区周边的生态环境受到严重影响。这里的降水变得更少,沙尘暴却愈加频繁,土地沙漠化、盐碱化程度日益加剧。

▼ 因咸海干涸而被遗弃的船只

绿色家园——环保从我做起

维多利亚湖的危机

维多利亚湖是非洲最大的湖泊,也是世界第二大淡水湖。这里风光秀丽,还有丰富的渔业资源,因此成为非洲人口密集的地区之一。然而,随着人口的增长和经济的发展,维多利亚湖的生态环境也出现了问题。

🍀 非洲的"母亲湖"

非洲的"母亲湖"维多利亚湖拥有丰富的水产,是非洲最大的淡水鱼产区。在维多利亚湖的四周分布着众多渔村,当地人依靠维多利亚湖丰富的水产资源世代繁衍。

受全球气候变化的影响,维多利亚湖所在地区降水减少,从20世纪60年代以来便面临着水位下降的危机。

▼ 维多利亚湖曾被许多人认为是世界上最美的地方

珍惜淡水资源

🍀 错误的引入

20世纪80年代，为了美化水体、增加鱼类食物来源，当地将南美洲的水葫芦引入维多利亚湖。由于水葫芦适应力超强，很快在湖区泛滥成灾，结果成为湖区生态环境的最大威胁。

▶ 水葫芦具有超强的适应能力和繁殖能力，一旦它泛滥成灾，不仅会阻塞河道，还会给当地湖泊生态带来严重威胁

🍀 污染的危害

随着湖区周边工厂的兴起，维多利亚湖近些年来也饱受工厂污水的危害。这些工厂排放的污水不仅影响了湖水的水质，还危害到了当地渔业发展和居民饮用水的安全。

▲ 被工厂污水污染变色的维多利亚湖

🍀 保护"母亲湖"

由于湖区人口密集，人类对维多利亚湖资源的过度开发给整个湖区生态环境造成了严重威胁。为此，科学家建议保护维多利亚湖，需要沿湖国家统一行动，从清理水体、整治沿湖工厂、加强民众环保意识等方面着手。

绿色家园——环保从我做起

五大湖的命运

五大湖位于加拿大和美国交界处，是世界上最大的淡水水域，有"北美地中海"之称。这里有美国重要的工业城市，汽车城底特律就位于五大湖附近。然而，工业的飞速发展也给五大湖的环境带来了危机。

🍀 庞大的城区

五大湖区拥有浩瀚的森林和肥沃的土地，以及大片的煤、铁、铜以及其他矿床。这些丰富的资源加上充足的水源，促使五大湖周围发展起了庞大的工农业和都市区。

> 五大湖是冰川活动的产物，按大小分别为苏必利尔湖、休伦湖、密歇根湖、伊利湖和安大略湖。

▲ 苏必利尔湖是五大湖中面积最大的一个，也是世界上最大的淡水湖

珍惜淡水资源

🍀 工业与污染

五大湖区工业种类众多,这里有很多大型钢铁厂等重工业企业,也有与钢铁制造业相关的加工企业。工业的持续发展使五大湖区的污染情况越来越严重。

▲ 美国在工业化进程中也曾付出沉重的环境代价,五大湖区就曾因工厂污水的污染,生态环境遭到严重损伤

▲ 逐渐恢复清澈的伊利湖

🍀 被"死亡"的湖泊

20世纪60年代,由于湖水的富营养化导致湖面蓝藻泛滥,水中生物因缺氧大批死亡,五大湖中污染最严重的伊利湖一度被宣布"死亡"。

🍀 及时的补救措施

20世纪70年代,美国和加拿大政府签署了《五大湖区水质量协议》,对磷的排放量做出了规定,同时禁止在清洁剂中使用磷。得益于这些补救措施,五大湖区的富营养化问题得到了控制。

▲ 清洁剂中的磷会导致水质的富营养化

绿色家园——环保从我做起

湿地的影响

　　湿地是指那些地表过于湿润或经常积水，适宜湿地生物生长的地区。它们广泛存在于海岸、湖畔、河口三角洲等地带，不仅是很多水生鸟类的家园，在调节气候、涵养水源等方面也发挥着重要作用。

▲ 水流与遍布植物的滩涂相互交错的湿地景观

🍀 湿地的分布

　　海边的潮间带、红树林区，河流的入海口处，河流与湖泊的洪泛区，以及沼泽地都属于天然湿地；人工造的水稻田、池塘等也属于广义上的湿地。

珍惜淡水资源

▲ 湿地是许多鸟类的栖息地和迁徙中转站

🍀 重要的湿地

湿地、森林、海洋并称地球三大生态系统。湿地在地球表面面积并不大，但却为地球上不少生物提供了生存环境，也是人类最重要的生存环境之一。

> 湿地是永久或季节性被水淹没的陆地区域，覆有静止或流动的淡水、半咸水或咸水，水深一般不超过6米。

🍀 湿地与人类

由于湿地区域水源充沛、土地肥沃、物产丰富、交通便利，因此世界上大多数经济发达、人口密集的城市都建在湿地区域，或者曾经密布湿地。

🍀 湿地与生态环境

湿地作为全球生态系统的重要组成部分，除了调节气候、涵养水源，还具有清除污水中的"毒素"、净化水质的重要功能，其复杂多样的生物群落对维持生态平衡有着重大意义。

▲ 湿地因能够净化水质，所以有"地球之肾"的美誉

绿色家园——环保从我做起

缩减的湿地

尽管人类很早就认识到了湿地的重要性，但随着社会的发展、城镇化速度的加快，湿地也无可避免地被人类侵占，遭到破坏。除了人为的原因，全球气候变暖等大环境也成为湿地缩减的重要原因。

湿地缩减的危害

湿地的缩减和退化不仅会加剧洪涝和干旱灾害，也会加剧水资源的短缺，给工农业生产和渔业资源带来巨大损失。同时，土壤侵蚀和海岸侵蚀的问题也会日益严重。

▲ 人类活动的影响、城市的扩张是加速湿地缩减的主要原因

🍀 开发城镇湿地

在城镇周边开发和建设城镇湿地，是当前摆脱湿地萎缩困境的途径之一。这种以保护湿地生态为根本目的的开发，在发挥城镇湿地作用的同时，也影响着人们对人与自然关系的认识。

▲ 英国伦敦湿地中心坐落在泰晤士河环绕的四座废弃水库旧址上。这片城镇中心经过修复和管理，已经成为许多鸟类及众多野生动物的家园

1996年，湿地国际联盟组织决定，将每年的2月2日定为"世界湿地日"。

🍀 建设湿地公园

湿地公园不同于普通的公园，而类似于小型自然保护区。它集自然生态保护、生态观光旅游、生态科普教育和湿地研究等多种功能为一体，是当前解决湿地萎缩问题的有效途径之一。

🍀 共同保护湿地

20世纪50年代，湿地萎缩导致的重大环境问题引发国际社会关注。1971年，《关于特别是作为水禽栖息地的国际重要湿地公约》（简称《湿地公约》）面世，目前全世界已有一百多个国家加入该项公约，为保护湿地共同努力。

▶ 《湿地公约》标志

绿色家园——环保从我做起

 消融的冰川

分布于地球两极地区以及世界各地高山之上的冰川，目前正在全球变暖的影响下加速消融。关注气候变化问题的科学家们不无忧虑地指出，这一现象正在对全人类以及其他物种的生存构成严重威胁。

江河之源

冰川的变化受到地球气候变化的影响，同时它也反过来影响着周围的环境。位于中纬度地区的山地冰川就像一座座水塔，是众多大江大河的源头。

▼ 壮观的冰川景象

因为冰川能够在自身重力作用下沿着一定的地形向下滑动，如同缓慢流动的河流一样，所以起名叫冰川。

珍惜淡水资源

🍀 惊人的消融速度

近几十年来，由于气候变暖，全球冰川正以惊人的速度消融，而且速度还在不断加快。到本世纪末，两极地区的海上浮冰将会大大减少。

▲ 冰川消融造成海面上漂浮着大量浮冰

🍀 浮冰与全球变暖

由于两极地区浮冰的减少会降低这些海域对阳光的反射能力，海水吸收的热量就会增加，这样又会进一步加快全球变暖的速度。

▲ 冰川消融让北极熊无家可归

🍀 海平面上升的后果

冰川消融会导致海平面的上升，海水会淹没沿岸大片地区，很多沿海的低海拔国家将不复存在，无数人的家园将会被海水吞没。

▲ 美丽的印度洋岛国马尔代夫会成为海平面上升的潜在受害者

57

 抽取地下水

地下水是水资源的重要组成部分,由于水量稳定、水质好,它也成为农业灌溉、工业用水和城市居民用水的重要水源之一。随着社会经济的发展,人们对地下水的开采量也逐年增加。然而,伴随着人们的开采,一系列环境问题也接踵而来。

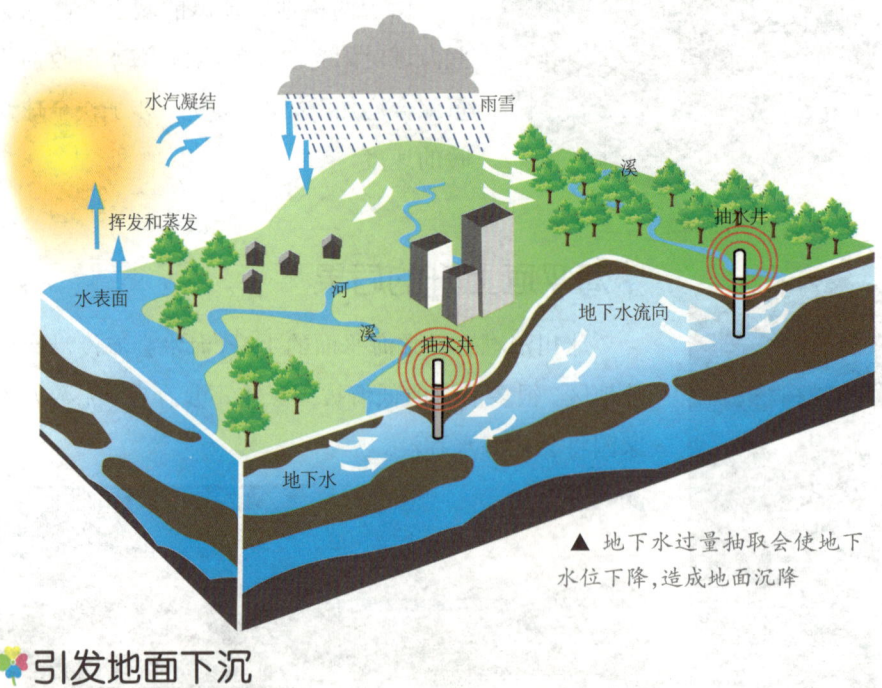

▲ 地下水过量抽取会使地下水位下降,造成地面沉降

引发地面下沉

地下水资源十分有限,如果过度抽取地下水,当抽取量远远大于地下水的自然补给量时,就会造成地下含水层衰竭、地面沉降问题,并进一步引发海水入侵、地下水污染等恶果。

造成地裂缝

过度抽取地下水不仅会引起地面沉降,还会引发地裂缝和地面塌陷。地裂缝和地面塌陷会使建筑物地基下沉、墙壁开裂、公路坏损、农田被毁,严重影响工农业生产与居民生活。

▲ 地下水过度开采引起的地面塌陷现象

沿海城市地面沉降的主要危害是导致地面海拔降低,使城市抵抗风暴潮的能力减弱。

上海市地面下沉

我国上海市的地层为类似海绵的软土地层,这种地层在地下水被大量抽取时,会失去弹性,引发地面下沉现象。因为长期过度开采地下水,上海市的地面下沉问题尤为突出。

墨西哥城的危机

墨西哥的首都墨西哥城位于墨西哥高原南部特斯科科湖的湖积平原上,由于过去围湖造田、人口膨胀以及对地下水的过度开采,墨西哥城正面临着不断下沉的危机。

◀ 墨西哥城是美洲的历史文化名城,拥有很多名胜古迹和特色建筑。墨西哥城一旦受损,将会是人类文明的巨大损失

绿色家园——环保从我做起

地下水的灾难

过度开采地下水除了会使地下水水量流失,同时也会造成地下空洞使海水趁机入侵,甚至有可能引发地下水污染等问题。由于地下水受污染后较难发现,而地下水又与河流相通,因此一旦污染扩散,后果会很严重。

▲ 工业废水就地排入污水坑会直接污染地下水

地下水的间接污染过程复杂,污染原因容易被掩盖,要查清污染来源和途径困难较大。

▲ 工业、城市污水在排放过程中发生漫溢、渗漏,同样会污染地下水

污染原因

工业废水直接排入地下,被人畜粪便或农药污染的水渗入地下,受污染的地表水侵入到地下含水层中,都会对地下水造成污染。

污染来源

人类活动对地下水的污染来源主要包括生活污水、生活垃圾,工业废水、工业废物,农业用的化肥、粪肥,以及危险废物填埋后的渗滤液和其他污染物等。

▶ 垃圾渗滤液渗入地层污染地下水

污染方式

直接污染是指污染物直接进入地下含水层造成的污染,这个过程中污染物性质不会改变,地下水污染以此类污染居多;间接污染是指污染物作用于其他物质,使这些物质中的某些成分进入地下含水层造成的污染。

▲ 地下水污染示意图

污染特点

由于地表以下的地层结构复杂,地下水流动又极其缓慢,因此地下水污染具有过程缓慢、不易发现和难以治理、不易消除、影响持久的特点。

绿色家园——环保从我做起

恶化的水环境

在有意识地保护水资源之前，人类已经因为过度开发利用和乱排乱放造成的污染，给水体带来了巨大损害。我们应当知道，其实每个人都可能直接或间接地制造了污染，同时也可能直接或间接地成为污染的受害者。

水污染的来源

水污染有两类，一类是自然污染，另一类是人为污染，其中后者对水体的污染更大。按照人类活动产生的污染物来源划分，水污染的来源包括工业污染源、农业污染源和生活污染源三大部分。

▲ 人类活动造成的水污染触目惊心

水体的常见污染物质

水体的常见污染物质主要有各种有毒或含有重金属的化合物、放射性物质、植物营养素、油类与冷却水，以及病原微生物等。

▲ 放射性物质污染水源

水污染的危害

人类要生存、要发展，就要不断从自然界索取，不断制造废物垃圾。人类产生的这些废物垃圾被弃于江河湖海，不仅严重污染了各种水体，也破坏了我们赖以生存的自然环境。

▲ 被人类生活垃圾占满的河道

前车之鉴

历史上流行的瘟疫，有的就是以水为媒介传播的。1892年德国汉堡霍乱流行，就是由于霍乱病菌污染了汉堡的自来水，从而引发了大规模的霍乱疫情。

工业废水是水体的重要污染源，它具有水量大、污染面积广、成分复杂、毒性大、不易净化、难处理等特点。

▲ 霍乱病菌会引起一种急性腹泻疾病，能在数小时内导致感染者腹泻、脱水甚至死亡

绿色家园——环保从我做起

赤　潮

　　赤潮是海洋中某一种或某几种浮游生物在特定条件下暴发性繁殖或密集引起海水变色，危害其他海洋生物生存的灾害性海洋生态异常现象。赤潮自古就有，但工农业生产导致的水体污染则是如今赤潮现象加剧的主要原因。

❋ 赤潮形成的条件

　　海区的地理位置、地形特征、水文、气象、海流、海况等是形成赤潮的自然因素。如强台风、大暴雨后海水盐度下降,气温、水温、气压升高都可以成为赤潮形成的条件。

赤潮不一定都是红色,根据它发生的原因、生物种类和数量的不同,水体会呈现不同的颜色。

▼ 赤潮导致海水变色

珍惜淡水资源

▲ 海水养殖业将富含氮化物的污水排入海中，造成海水富营养化，也会引发赤潮

赤潮加剧的原因

工业废水和生活污水大量排入海中，使海水中氮、磷、铁、锰等元素以及有机化合物含量大大增加，促使一些海洋生物大量繁殖，这是当前赤潮日趋严重的主要原因。

赤潮的危害

赤潮生物以海洋浮藻为主，会对海洋生态、海洋环境、海洋渔业产生危害。一些有毒赤潮生物因体内含有毒素或能分泌出毒素，还会对人类及其他海洋生物造成不同程度的毒害。

▲ 赤潮造成鱼类大量死亡

赤潮公害

目前，赤潮已成为一种世界性的公害。包括我国在内的美国、日本、加拿大等不少国家和地区赤潮频发，其引发的全球性危害已引起国际社会和科学家的高度重视。

工业废水

　　工业废水是工业生产过程中产生的废水和废液。随着现代化大工业的发展，工业废水的排放量也与日俱增。工业废水是水污染的主要"凶手"，因为工业生产的多样性，所以工业废水成分也相当复杂，这给水污染治理带来不小的困难。

▲ 按照当前国家相关法律法规，工厂不能直接排放未经处理的工业废水

废水来源

　　工业废水包括生产废水、生产污水以及冷却水，其中既含有随水流失的各种工业生产原料、中间产物、副产品，也含有大量污染物。

造成的影响

由于工业废水中常含有多种有毒物质,一旦这些废水被直接排入各种水体,就会对生态环境造成难以估量的损害,最终也将危及人类的健康与生存环境。

▲ 含油的工业废水污染了水体,水面被一层油质物覆盖

◀ 印染废水中含有大量染料、洗涤剂等有机物,以及碱、硫化物、各种盐类等无机物,污染性很强

控制废水排放

治理工业废水造成的污染,首先要从源头把好关。废水不能直接排入江河湖泊之中,要尽可能地综合开发利用,化害为利,并根据具体情况采取不同净化处置措施,才能排放。

▲ 工业废水处理厂

工业废水处理的目的是把污染物从废水中分离出来,或将其分解转化为稳定的无害物质,从而使污水得到净化。

减少废水产生

要减少废水产生,需要改变现有的生产方式,淘汰或改革落后的生产工艺,采用先进、环保的生产工艺;要严格把控生产中的每个环节,避免污染物泄漏;同时对污染较轻的废水进行处置和循环利用等。

绿色家园——环保从我做起

农业污水

随着现代化农业的发展，人类为了增加农产品的产量、提高农产品的质量，大量使用化学肥料、杀虫剂、杀菌剂、除草剂等化学药剂。虽然生产规模越来越大，但农业污水造成的污染也日趋严重，生态平衡因此受到破坏。

❀ 主要污染源

农药与化肥的使用是农业污水产生的主要原因，它们一般只有少量附着或作用于农作物上，其余绝大部分残留在土壤和飘浮在大气中，然后通过降雨、径流进入地表水或渗入地下水中，从而造成污染。

▲ 长期滥用农药会使环境中的有害物质大大增加，危害人类健康，形成农药污染

污染特点

农业污水中有机质、病原微生物，以及化肥、农药含量高，受其污染的水体具有面积广、比较分散、难以收集、难以治理的特点。

▶ 化肥是化学肥料的简称，属于无机肥料，具有养分含量高、肥效快等特点，因此被广泛应用于农业生产中。与此相对，以动物粪便为主的肥料为有机肥料

农产品加工过程中产生的污水、大规模畜牧养殖产生的动物粪便造成的水体污染，也是农业污水的源头之一。

带来的灾害

农业污水虽不像工业废水成分复杂，但由于含有大量氮、磷等营养元素，因此很容易在江河湖海中造成水域富营养化现象，并引发赤潮等生态灾害。

农业新前景

随着环保意识的增强，人们对食物质量也有了更高要求。这种大趋势迫使现在的农业生产不得不转向有机农业，发展有机农业也许会成为人类摆脱对化肥、农药依赖的途径之一。

▼ 有机农业生产中通常不使用化肥、农药、生长激素、饲料添加剂等

绿色家园——环保从我做起

 生活污水

人类生活中产生的污水是水体的主要污染源之一。随着我们生活水平的提高，这些污水的排放量也逐年增加。污水对环境的破坏触目惊心，生活污水的去向、如何治理生活污水等也因此成为人们普遍关心的问题。

以前人们使用的洗衣粉含磷相对较多，由于磷导致水体富营养化，所以这类洗衣粉很快被无磷或含磷量少的洗衣粉替代。

生活污水的来源

生活污水是居民日常生活中排出的废水，通常由各种场合的卫生间排出。生活污水常伴有恶臭，这是由其所含有的不稳定的有机物腐化产生的。

▼ 生活污水不能直接排放到自然水体中

🍀 主要污染物

生活污水中所含的污染物主要为有机物，如蛋白质、碳水化合物、尿素、氨氮等，以及大量的病原微生物，如寄生虫卵和肠道病毒等。

珍惜淡水资源

▲ 在一些地区，人们自建厕所产生的污水会直接污染地下水

🍀 威胁人类健康

生活污水中本就含有大量细菌和病原体，这些病菌又以污水中的有机物为营养来源而大肆繁殖，有导致传染病蔓延、流行的巨大危害，会直接威胁人类健康。

◀ 生活污水中氮、磷过多会造成水体的富营养化

🍀 治理与利用

由于存在潜在病原，所以生活污水在排放前必须进行处理。经处理的生活污水并不是全无用处，有少部分还可作为工业冷却水、市政和家庭清洁用水、城市绿化用水和湿地补充用水等。

▲ 处理过的生活污水可以用来洗车

绿色家园——环保从我做起

骇人的污染事件

水污染之所以引人关注,不仅因为它事关生态环境的大问题,更因为它事关人类的生活、饮用水安全,直接威胁人类健康。历史上曾发生过不止一起因严重水污染而导致人类染上疾病的骇人事件,其血的教训至今警醒世人。

水俣病事件

20世纪50年代,日本水俣湾出现水俣病,患者表现出神经功能方面的障碍,有些婴儿生后不久即出现不同程度的瘫痪和智力障碍。该病是当地化工企业排放的含汞的工业废水污染了水俣湾的水质造成的。

▲ 化学物质引起水污染会使水中的生物中毒、发生基因突变,导致生物出现畸形,影响生物胚胎发育和成活率等

▲ 水俣病实际为有机汞中毒。汞俗称水银,是一种可以在常温下以液态形式存在的金属,汞蒸气和汞化合物多含有剧毒

◀ 日本水俣市水俣病纪念馆前的雕塑提醒着人们水俣病曾给人们带来的伤害

珍惜淡水资源

痛痛病事件

20世纪50年代到70年代，日本富山县神通川流域出现的痛痛病同样与水污染脱不开关系。由于神通川河被沿岸工厂排放的含镉废水污染，造成该病流行20多年，200多人死亡。

▶ 患痛痛病的病人身体脆弱，打喷嚏有时都能给他们带来生命危险

莱茵河水污染事件

1986年11月1日深夜，瑞士巴塞尔附近一家化学公司因仓库着火，装有上千吨剧毒农药的储存罐爆炸，致使大量有毒物质被排入莱茵河，造成重大水污染事件。

▲ 1986年的莱茵河水污染事件曾造成中下游大量的水生物死亡，许多饮用水井被废弃，其影响至今仍令人心悸

无论是工业污水、农业污水还是生活污水，污染一旦造成，其影响短期内都很难消除。

我国水污染事件

在我国，近些年来也频频出现水污染造成的公害事件，比如2010年福建紫金矿业的铜酸水渗漏事故，2012年的山西长治苯胺泄漏、广西镉污染事件等。

绿色家园——环保从我做起

水土流失

水土流失本是自然界的正常现象，因为水在流动过程中会带走地球表面的土壤，使土地变得贫瘠，岩石裸露，植被破坏，生态恶化。但在人类活动的影响下，水土流失不断加剧，已经成为制约人类发展的严重生态问题。

黄土高原的问题

黄土高原是我国乃至全世界水土流失最严重的地区。1500多年前的黄河中游也曾森林茂密，群羊塞道，正是人类掠夺性的开发，使这里失去了植被的保护，水土严重流失。

▼ 水土流失造成地面沟壑纵横

轮封轮牧的主要目的是让天然牧场得以休养生息，以尽量恢复原有的生态环境。

珍惜淡水资源

🍀 水土流失的原因

地貌起伏不平、坡陡沟多、降水集中、多暴雨、地表土质疏松、植被稀少等是水土流失的自然因素，而人类毁林开荒、超载放牧、盲目扩大耕地等是加剧水土流失的主要原因。

▲ 森林植物庞大的根系有保持水土和涵养水源的作用

▲ 毁林开荒加剧了水土流失

🍀 恶性循环

水土流失会使土壤肥力下降，造成农作物大量减产。越是减产，人们越要多开垦荒地，开垦荒地越多，水土流失就越严重。就这样，越垦越穷，越穷越垦，造成恶性循环。

🍀 治理措施

调整土地利用结构，将治理与土地开发结合起来是当前治理水土流失的基本原则。以此为原则，压缩农业用地、植树种草、轮封轮牧、复垦回填是治理水土流失的具体措施。

 沙漠肆虐

地球现有的水资源除了有水污染的问题，还存在着因淡水资源有限，再加上人类对水资源的浪费带来的水资源匮乏问题。缺水会导致干旱，干旱不利于植物生存。缺少植被保护的土地，则易成为风沙肆虐的地方。

▲ 干旱地区因植被消失导致土地逐渐沙漠化

土地沙漠化

土地的沙漠化指土壤在大风吹蚀、流水侵蚀、土地盐渍化等各种外在因素作用下出现的生产力下降或丧失的现象。干旱缺水导致土壤地表植被稀少是该现象日趋严重的根本原因。

珍惜淡水资源

沙漠化的原因

除了气候变化外,人类对土地的过度开发,以及对水资源的不合理利用和管理也是造成土地沙漠化问题的主要原因。

由于亚洲和非洲的干旱半干旱地区较多,这两大洲的土地沙漠化问题也最为突出。

全球性的大问题

土地沙漠化问题早在20世纪中叶就得到了全世界的广泛关注。土地沙漠化事关人类的生存大计,现今已经成为事关全球经济和环境的问题。

▲ 非洲土地沙漠化严重,使这里的人们生活更加贫穷

治理途径

通常土地容易沙漠化的地区气候相对干旱,这种缺水的环境很容易造成植被退化,引起沙漠化。因此退耕退牧、植树造林,以此来涵养水源、防风固沙成为治理土地沙漠化的主要方式。

▼ 植树造林是治理土地沙漠化的有效途径

绿色家园——环保从我做起

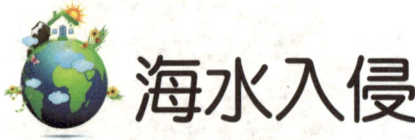
海水入侵

　　陆地上的天然水体绝大部分都是淡水，但在人类活动的影响下，发生诸如海水入侵等现象时，咸水透过地层补给地下水，同样也会造成地下水矿化度增高，引起水质恶化问题。在有些地区，海水入侵已经成为不容忽视的水污染问题。

🌸 海水入侵地下水

　　沿海地区海水入侵地下含水层，或者河口地带海水倒灌使海潮影响带扩大，并发生海水补给地下水的现象，称为海水入侵。

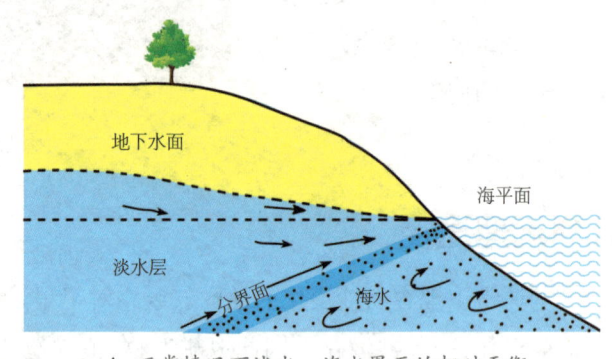

▲ 正常情况下淡水—海水界面的相对平衡

▼ 过量开采地下水使淡水水位下降后，平衡破坏，淡水—海水界面抬升而使海水入侵、水质变咸

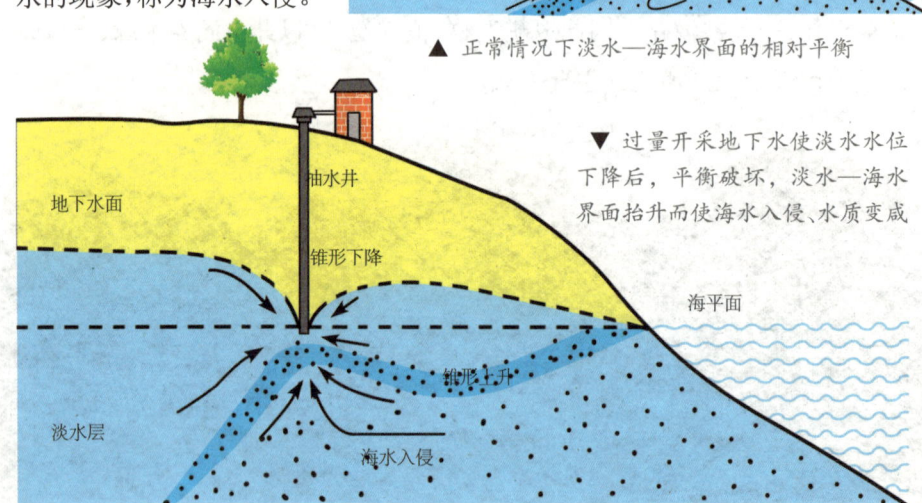

78

🍀 形成原因

在自然状态下,地层中的淡水与咸水会保持一定的平衡,通常是淡水主动下泄到海洋中。但人类过度开采地下水造成水位下降,则会打破这种平衡,造成海水入侵现象。

🍀 海水入侵的危害

海水入侵会使水中氯离子含量增加,用这种咸水灌溉作物,会造成土壤板结、植物枯萎,粮食减产或绝收。长此以往,不仅土壤生态平衡会遭破坏,也会导致当地地方病增多。

▲ 海水入侵会使土壤盐碱化

> 建立沿海地区地下水监测系统可以为防治海水入侵提供可靠的科学依据。

🍀 防治措施

要防治海水入侵,需要合理开采地下水、开源节流,进行人工回灌、补给地下水,设置隔水墙、地下拦水坝阻隔水流等,多管齐下。

▲ 甘肃省月牙泉地区经人工回灌,水位得到了回升

绿色家园——环保从我做起

 # 我们的饮用水

在有些地方,人们用水壶烧水,时间稍长,水壶底部就会有厚厚一层水垢。这层水垢是水中所含钙、镁离子所形成的化合物,也是水质偏硬的体现。由于水垢会降低水壶的热利用效率,这其实也是一种间接的资源浪费。

❀ 软水、硬水之分

自然界存在的各种天然淡水资源,其实是有软水与硬水之分的,其区分标准是水体中所含有的可溶性钙镁化合物浓度。

◀ 天然泉水中往往含有矿物质,一般属于硬水

> 有人以为相比硬水,软水对人体更为健康。但其实长期饮用软水,反而容易造成人体钙镁元素缺乏。

▲ 雪融化后的水属于软水

自然界的软水、硬水

根据水中所含可溶性钙镁化合物的浓度,人们将淡水分为软水与硬水,后者所含钙镁离子浓度通常比较大。在自然界中,雨水、雪水为软水,泉水、溪水、江河水为暂时硬水,部分地下水为硬水。

硬水的影响

硬水虽然含有较多钙镁离子,但并不会直接对人体健康造成危害。不过因为硬水容易在器具上结成水垢,所以会影响我们对水的利用效率。

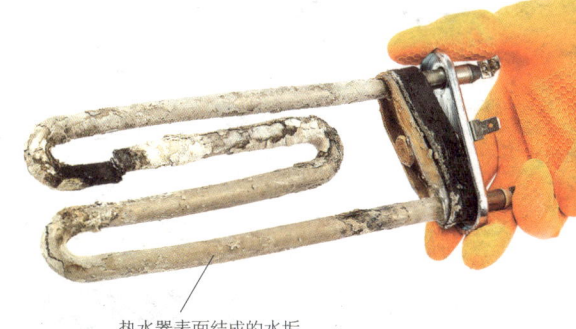

热水器表面结成的水垢

硬水软化

大体来说,我国北方硬水偏多,南方软水较多。要软化硬水,一般只需要在用水时将水煮沸就可以,工业和实验室还会用化学软化法、离子软化法等。

▼ 煮沸可以将硬水变为软水

绿色家园——环保从我做起

生活中的节水窍门

我们已经知道，地球上能够被利用的水资源是非常有限的，全世界许多地区都面临水资源短缺的问题。随着污染的加剧，水资源会越来越匮乏。节约用水，人人有责。只有大家都注意节水了，水荒才能远离我们而去。

🌸 节水不是不用水

节水不是不让用水，而是要合理地用水，高效率地用水，不要浪费。通过科学的技术和方式进行节水，可以在保证原有的经济水平和生活质量前提下，大大减少用水量。

> 以色列缺水严重，因此研发出了世界一流的节水技术，其生产的节水设备已经出口到很多国家。

▲ 以色列的滴灌技术在世界上遥遥领先

珍惜淡水资源

🍀 马桶节水窍门

如果家里厕所的水箱容量大,可在水箱里放一个装满水的大可乐瓶或其他容器,这样可减少每次的冲水量。

◀ 马桶水箱

🍀 收集雨水

将铁桶、塑料罐等容器直接接在雨落管上收集雨水,所收集的雨水可用于庭院洒水、浇灌花草。这种收集雨水的方法适合一般的居民楼、平房或四合院采用。

▶ 收集雨水

🍀 节水小细节

平时做饭时,土豆等要削皮的蔬菜可以先削皮再冲洗;用水间歇要及时关好水龙头;家里的水管等设备漏水时及时修好。做好这些小事,你就会成为一名节水达人。

◀ 我们要养成每次用完水后拧紧水龙头的好习惯

污水再生利用

水资源本身具有可再生特性,而城市污水水量稳定、供给可靠。如果能将城市污水进行净化处理,再回收利用,它会成为一种潜在的水资源。事实上,城市污水的再生利用已经成为开源节流的有效途径之一。

▲ 美国城市污水大部分的再生水用于农业灌溉,其余则用于工业、城市设施和地下水回灌

污水再生利用

污水再生利用是污水回收、再生和利用的统称,主要包括污水净化再利用、实现水循环的全过程。

珍惜淡水资源

🍀 污水再生利用的好处

污水的再生利用可以使大量污水经过处理并得到再利用，从而减少环境负担。另外，经过处理的污水污染物含量减少，污染力降低，可进一步达到改善环境的目的。

▶ 污水经过处理，水质会有明显变化

日本国内普遍采用的双管供水系统，其一为饮用水系统，另一部分就是污水再生系统。

🍀 我国污水再生利用现状

我国目前正面临着严重的城市用水供需矛盾，城市污水排放量巨大，但污水回收利用率却很低。如果这些污水能得到再生利用，可以有效缓解城市缺水问题。

🍀 国际共识

当前世界很多国家都把水的重复利用与污水资源转化为第二水源。这些被再利用的污水不仅解决了许多城市既有的缺水问题，在改善当地生态环境方面也发挥着重要作用。

▲ 再生水用于冲马桶

◀ 再生水用于绿化灌溉

▶ 再生水消防栓

绿色家园——环保从我做起

 # 保护水环境

当前，保护水环境已成为全世界人民的共识。我们的生活离不开水，也会产生各种污水，所以我们必须树立保护水环境的意识，时时刻刻注意节约水资源，尽最大努力减少污水对环境的破坏。

成立水保护组织

世界各国建立了不同类型的水资源管理机构，一些国际性水域，如莱茵河、多瑙河及北美五大湖都成立了相应的水源保护组织。

我国的水资源保护工作始于20世纪70年代中期，主要法律依据有《中华人民共和国环境保护法》等。

◀ 水保护组织有着健全的水源地水质监测系统和预警系统

珍惜淡水资源

🍀 植树造林

我们要大力发展绿化,增加森林面积。森林有涵养水源、减少水分蒸发及调节小气候的作用。所以,植树造林是我们的责任。

▲ 植树造林

🍀 开发利用污水资源

城市要开发利用污水资源,发展中水处理,实现污水回用。城市中部分工业生产和生活产生的污水经过处理净化后,可作为绿化、卫生用水等。

🍀 研究节水技术

在农业上采用先进的滴灌技术,不断开发和研究工业、生活用水方面的节能新技术、新设备。同时,收集和利用雨水也是节水的一个新途径。

▶ 在农业上采用节能灌溉技术可以比漫灌节省不少水资源

绿色家园——环保从我做起

 # 节水宣传

随着人们环保意识的不断增强，水资源的保护问题也得到了越来越多人的关注。从国际上的各种水资源管理组织，到各国的节水技术研究，再到每个人的日常节水行动，全世界的人们都在以实际行动保护我们的水资源。

▲ "世界水日"的宗旨是唤起公众的节水意识，加强水资源保护

🌸 联合国"世界水日"

作为当前全世界最大的国际组织，联合国长期以来致力于解决因水资源需求上升而引起的全球性水危机。1993年1月18日，联合国大会做出决议，确定每年的3月22日为"世界水日"。

> 我国人多水少、水资源时空分布不均，因此我国将节水作为解决水资源短缺问题的根本出路。

"世界水日"主题

联合国每年会就水资源保护问题,在"世界水日"提出一个宣传主题。2018年"世界水日"的宣传主题是"借自然之力,护绿水青山"。

"中国水周"

为了贴合"世界水日"的宣传,我国从1994年开始,将"中国水周"改为每年的3月22日至28日。2018年"中国水周"宣传主题为"实施国家节水行动,建设节水型社会"。

▲ 我国的国家节水标志

"全国城市节水宣传周"

为了提高城市居民节水意识,从1992年开始,我国将每年5月15日所在的那一周确定为"全国城市节水宣传周"。

▲ 上图中的消防栓损坏,水流到路面造成了浪费。遇到这种情况,可以向大人寻求帮助,找相关人员来处理。为了保护水资源,我们每个人都需要从我做起,珍惜每一滴水

绿色家园——环保从我做起
珍惜淡水资源